I0490839

L' environnement De la Terre

compte tenu des ressources environnementales

By Sandra Hayes

Contenu

Chapitre 1 : Univers

L'univers est tout l'espace et tout ce qu'il contient, y compris toute la matière, l'énergie et les galaxies. On pense qu'il est né avec le Big Bang il y a environ 13,8 milliards d'années et qu'il n'a cessé de se développer depuis. L'univers contient d'innombrables galaxies, étoiles, planètes et autres corps célestes, ainsi que de la matière noire et de l'énergie noire, qui ne sont actuellement pas bien comprises par les scientifiques. Notre compréhension de l'univers évolue constamment à mesure que de nouvelles découvertes sont faites grâce à des observations et des expériences.

Comment en sommes-nous arrivés à connaître l'univers comme nous le connaissons aujourd'hui ?

Notre compréhension de l'univers a évolué au fil du temps, des anciennes croyances et mythes aux théories et observations scientifiques modernes. Voici un bref aperçu de l'évolution de notre connaissance de l'univers :

Civilisations anciennes : Les civilisations anciennes, telles que les Grecs et les Babyloniens, ont observé et enregistré les mouvements des étoiles et des planètes. Ils ont développé des modèles pour expliquer ces mouvements, comme le modèle géocentrique, qui plaçait la Terre au centre de l'univers.

Renaissance : Au cours de la Renaissance, les progrès des mathématiques et de l'astronomie ont conduit au développement du modèle héliocentrique, qui a placé le Soleil au centre du système solaire. Ce modèle a été proposé par Nicolaus Copernicus et plus tard affiné par Johannes Kepler .

Lumières : L'ère des Lumières a vu de nouveaux progrès en astronomie, comme la découverte des lois du mouvement par Sir Isaac Newton. Ces lois ont permis aux scientifiques de calculer les orbites des planètes et de prédire leurs mouvements.

L'ère moderne : à l'ère moderne, les astronomes ont utilisé des instruments de plus en plus sophistiqués pour observer et étudier l'univers. Les télescopes et autres instruments nous ont permis d'observer des galaxies et des étoiles lointaines et d'étudier les propriétés de la matière et de l'énergie dans tout l'univers. Le développement de nouvelles technologies telles que les sondes spatiales et les satellites nous a également permis d'explorer le système solaire et au-delà.

Compréhension actuelle : Notre compréhension actuelle de l'univers est basée sur les théories de la physique moderne, telles que la théorie de la relativité et la mécanique quantique. Ces théories nous ont aidés à comprendre le comportement de la matière et de l'énergie aux plus petites et aux plus grandes échelles. Les scientifiques continuent d'étudier l'univers et de développer de nouvelles théories et modèles pour expliquer ses propriétés et son évolution.

En résumé, notre connaissance de l'univers a évolué au fil du temps grâce à l'observation, à l'expérimentation et à la recherche scientifique, conduisant à des modèles et des théories de plus en plus sophistiqués qui nous aident à comprendre l'univers tel que nous le connaissons aujourd'hui.

Comment une étoile continue-t-elle de brûler ?

Une étoile est maintenue en combustion par le processus de fusion nucléaire, qui se produit en son cœur. La pression et la température extrêmes au cœur d'une étoile provoquent la fusion des noyaux d'atomes d'hydrogène pour former des atomes d'hélium, libérant ainsi une énorme quantité d'énergie.

Le processus de fusion dans une étoile nécessite une température de millions de degrés Celsius et une immense pression pour surmonter la répulsion électrostatique entre les noyaux atomiques chargés positivement. La pression est fournie par la masse de l'étoile, ce qui crée une force gravitationnelle qui comprime le noyau et élève sa température.

Au fur et à mesure que l'étoile brûle, elle convertit progressivement l'hydrogène de son noyau en hélium, et l'énergie libérée par ce processus est ce qui empêche l'étoile de s'effondrer sous sa propre gravité. Selon la masse de l'étoile, ce processus peut se poursuivre pendant des milliards d'années, jusqu'à ce que l'hydrogène dans le noyau soit épuisé et que l'étoile commence à subir d'autres réactions nucléaires qui conduisent finalement à sa mort éventuelle.

Qu'est-ce qui réside au milieu de l'univers ?

En ce qui concerne notre compréhension actuelle de l'univers, il n'y a pas de "milieu" dans l'univers. On pense que l'univers est homogène et isotrope à très grande échelle, ce qui signifie qu'il a à peu près la même apparence dans toutes les directions et n'a ni centre ni bord.

En fait, selon la théorie du Big Bang, l'univers a commencé comme un point chaud, dense et infiniment petit appelé une singularité, qui s'est rapidement étendu dans toutes les directions. Depuis lors, l'univers a continué à s'étendre, mais il n'y a pas de point central d'expansion ou de cadre de référence préféré qui puisse être identifié comme le "milieu" de l'univers.

Par conséquent, le concept de milieu de l'univers n'est pas applicable dans la cosmologie moderne.

Comment sont les environnements des planètes intérieures ?

Les planètes intérieures, également appelées planètes telluriques, sont les quatre planètes les plus proches du Soleil : Mercure, Vénus, la Terre et Mars. Chacune de ces planètes a un environnement unique, mais elles partagent toutes des caractéristiques communes en raison de leur proximité avec le Soleil.

Mercure est la planète la plus petite et la plus intérieure du système solaire. Son environnement est caractérisé par des fluctuations de température extrêmes, avec des températures allant de -290 degrés Fahrenheit (-180 degrés Celsius) à 800 degrés Fahrenheit (430 degrés Celsius) en raison de sa proximité avec le Soleil. La surface de la planète est fortement cratérisée et il n'y a pas d'atmosphère à proprement parler.

Vénus est la deuxième planète à partir du Soleil et est souvent désignée comme la planète sœur de la Terre en raison de sa taille et de sa composition similaires. Cependant, son environnement est très différent de celui de la Terre. Vénus a une atmosphère épaisse et toxique composée principalement de dioxyde de carbone, avec des nuages d'acide sulfurique qui obscurcissent complètement la surface de la planète. La température sur Vénus peut atteindre jusqu'à 864 degrés Fahrenheit (462 degrés Celsius), ce qui en fait la planète la plus chaude du système solaire.

La Terre, la troisième planète à partir du Soleil, possède un environnement unique qui abrite une grande variété de formes de vie. L'atmosphère terrestre est principalement composée d'azote et d'oxygène, avec de petites quantités d'autres gaz tels que le dioxyde de carbone, le méthane et la vapeur d'eau. La température de la planète varie selon l'endroit et la saison, mais la température moyenne est d'environ 59 degrés Fahrenheit (15 degrés Celsius).

Mars est la quatrième planète à partir du Soleil et est souvent appelée la "planète rouge" en raison de sa couleur rouille. Son environnement est similaire à celui de Mercure en ce sens qu'il a une atmosphère mince et des fluctuations de température dues à sa distance du Soleil. Cependant, Mars a une atmosphère plus importante que Mercure, composée principalement de dioxyde de carbone, et sa surface est marquée par des vallées, des canyons et des cratères d'impact.

Dans l'ensemble, les planètes intérieures ont des environnements uniques qui sont fortement influencés par leur proximité avec le Soleil. Ces planètes vont d'environnements extrêmement chauds et hostiles comme Vénus à des environnements plus hospitaliers comme la Terre.

À quoi ressemblent les choses sur les planètes extérieures ?

Les planètes extérieures, également connues sous le nom de géantes gazeuses, sont Jupiter, Saturne, Uranus et Neptune. Ces planètes sont très différentes des planètes intérieures rocheuses, comme la Terre, Mars, Vénus et Mercure, et elles sont principalement composées de gaz et de glace.

Jupiter est la plus grande planète du système solaire et possède une atmosphère épaisse avec des bandes visibles de nuages et d'orages, dont la célèbre Grande Tache Rouge. Il possède également un champ magnétique puissant et de nombreuses lunes, dont les quatre plus grandes connues sous le nom de lunes galiléennes.

Saturne est célèbre pour ses magnifiques anneaux, composés de particules de glace et de poussière. Il a également une atmosphère similaire à Jupiter, avec des bandes visibles de nuages et d'orages, ainsi que de nombreuses lunes, dont Titan, la deuxième plus grande lune du système solaire.

Uranus et Neptune sont souvent appelés géants de glace car ils sont principalement composés d'eau, de méthane et de glace d'ammoniac. Ils ont également des systèmes d'anneaux faibles et de nombreuses lunes. Uranus est unique en ce sens qu'elle tourne sur le côté, ce qui provoque des variations saisonnières extrêmes. Neptune a les vents les plus forts du système solaire, atteignant des vitesses allant jusqu'à 1 200 milles à l'heure.

En général, les planètes extérieures sont très différentes les unes des autres, mais elles sont toutes fascinantes et belles à leur manière. Notre compréhension de ces planètes continue d'évoluer à mesure que nous envoyons de plus en plus d'engins spatiaux pour les étudier.

Quelles autres entités existe-t-il dans notre système solaire ?

En plus du Soleil et de la Terre, notre système solaire possède une variété d'autres entités, notamment :

1. Planètes : Il y a huit planètes dans notre système solaire, classées dans l'ordre à partir du soleil : Mercure, Vénus, Terre, Mars, Jupiter, Saturne, Uranus et Neptune.

2. Planètes naines : Il existe cinq planètes naines officiellement reconnues dans notre système solaire : Cérès, Pluton, Haumea , Makemake et Eris.

3. Lunes : Il y a plus de 200 lunes connues dans notre système solaire, la plupart d'entre elles en orbite autour des géantes gazeuses. La plus grande lune de notre système solaire est Ganymède, qui orbite autour de Jupiter.

4. Astéroïdes : Les astéroïdes sont des objets rocheux en orbite autour du soleil, dont la plupart se trouvent dans la ceinture d'astéroïdes entre Mars et Jupiter. Certains astéroïdes sont suffisamment gros pour être considérés comme des planètes naines.

5. Comètes : les comètes sont des objets glacés qui proviennent du système solaire externe et pénètrent occasionnellement dans le système solaire interne. Lorsqu'ils s'approchent du soleil, ils développent une queue de gaz et de poussière.

6. Objets de la ceinture de Kuiper : La ceinture de Kuiper est une région du système solaire au-delà de l'orbite de Neptune qui abrite de nombreux objets glacés, notamment des planètes naines et des comètes.

7. Oort Objets nuageux : Le nuage d'Oort est une région hypothétique du système solaire bien au-delà de la ceinture de Kuiper qui abriterait des billions d' objets glacés. On pense que certaines comètes proviennent de l' Oort Nuage .

Chapitre 2 : À l'intérieur de la Terre

L'intérieur de la Terre peut être divisé en plusieurs couches en fonction de leur composition et de leurs propriétés physiques. Les couches sont :

Croûte : La couche la plus externe de la Terre s'appelle la croûte. C'est une fine couche de roche solide qui recouvre toute la surface de la Terre. La croûte est composée de deux types de roches - continentales et océaniques.

Manteau : Le manteau est la couche sous la croûte et est la plus grande couche de la Terre. Il est composé de roches chaudes, denses et principalement solides qui s'écoulent lentement sur des millions d'années. Le manteau est divisé en deux parties - le manteau supérieur et le manteau inférieur.

Noyau externe : Le noyau externe est une couche de fer liquide et de nickel qui entoure le noyau interne. Il est responsable de la génération du champ magnétique terrestre.

Noyau interne : le noyau interne est la couche la plus interne de la Terre et on pense qu'il s'agit d'une boule solide de fer et de nickel d'un rayon d'environ 1 220 km. Il est soumis à une pression et une température immenses, estimées à environ 5 500 ° C (9 932 ° F), ce qui en fait la partie la plus chaude de la Terre.

Les scientifiques ont découvert l'intérieur de la Terre en étudiant les ondes sismiques générées par les tremblements de terre. Ces ondes peuvent traverser les couches de la Terre et fournir des informations sur leur composition et leur structure.

Quel impact la structure interne de la Terre a-t-elle sur sa température ?

La structure interne de la Terre a un impact significatif sur sa température. L'intérieur de la

Terre est divisé en plusieurs couches, dont le noyau interne, le noyau externe, le manteau et la croûte. La température de chacune de ces couches varie en fonction de divers facteurs, notamment la formation de la Terre, la désintégration radioactive et les courants de convection.

Le noyau interne de la Terre est la couche la plus chaude, avec des températures atteignant jusqu'à 5 500 degrés Celsius (9 932 degrés Fahrenheit). La chaleur dans le noyau interne est générée par la désintégration des isotopes radioactifs, qui produit une énorme quantité d'énergie. Le noyau externe est également très chaud, avec des températures atteignant jusqu'à 4 000 degrés Celsius (7 232 degrés Fahrenheit), et il est responsable de la génération du champ magnétique terrestre.

Le manteau, situé entre le noyau externe et la croûte, est également chaud, avec des températures allant de 1 000 à 3 700 degrés Celsius (1 832 à 6 692 degrés Fahrenheit). Cette chaleur est générée par le transfert de chaleur du noyau vers le manteau par des courants de convection.

La croûte terrestre, qui est la couche la plus externe de la Terre, a la température la plus basse de toutes les couches, avec des températures allant de -25 à 70 degrés Celsius (-13 à 158 degrés Fahrenheit). La température de la croûte varie selon l'endroit et l'heure de la journée.

Dans l'ensemble, la structure interne de la Terre joue un rôle crucial dans la détermination de la température de la planète, et le transfert de chaleur du noyau à la surface aide à réguler le climat de la Terre et la distribution de l'énergie sur la planète.

Qu'est-ce qui déclenche les volcans et les tremblements de terre ?

Les volcans et les tremblements de terre sont déclenchés par différents processus.

Les volcans sont généralement déclenchés par le mouvement des plaques tectoniques. Lorsque deux plaques entrent en collision, l'une peut être forcée sous l'autre dans un processus appelé subduction. Lorsque la plaque descendante atteint une certaine profondeur, elle commence à fondre en raison des températures et des pressions élevées à l'intérieur de la Terre. Cette roche en fusion, ou magma, remonte à la surface et peut éclater en volcan.

Les tremblements de terre sont aussi souvent causés par le mouvement des plaques tectoniques. Lorsque deux plaques frottent l'une contre l'autre, elles peuvent se coincer et créer des tensions. Finalement, cette tension est libérée sous la forme d'un tremblement de terre. Les tremblements de terre peuvent également être causés par d'autres facteurs tels que le mouvement du magma sous un volcan ou l'effondrement de grottes souterraines.

Il est important de noter que même si certains déclencheurs peuvent augmenter la probabilité d'éruptions volcaniques et de tremblements de terre, ce sont des phénomènes naturels qui peuvent se produire sans avertissement. Les scientifiques continuent d'étudier ces processus pour mieux les comprendre et les prédire, mais il reste encore beaucoup à apprendre.

Quelle découverte de la Seconde Guerre mondiale a conduit à la résurgence de la théorie de la dérive des continents ?

La découverte de la Seconde Guerre mondiale qui a conduit à la résurgence de la théorie de la dérive des continents a été la cartographie du fond de l'océan par sonar pendant la guerre. Avant la guerre, l'opinion dominante parmi les géologues était que le fond de l'océan était relativement sans relief, composé de plaines plates et sans relief. Cependant, pendant la guerre, les navires de la marine ont utilisé un sonar pour détecter les sous-marins et, ce faisant, ont découvert que le fond de l'océan était en réalité très complexe et comportait de nombreuses montagnes, vallées et crêtes.

Dans les années qui ont suivi la guerre, les scientifiques ont utilisé ces nouvelles informations pour développer une meilleure compréhension de la tectonique des plaques, ce qui a finalement conduit à la résurgence de la théorie de la dérive des continents. Plus précisément, ils ont découvert que le fond de l'océan s'étendait le long des dorsales médioocéaniques et que ce mouvement était responsable du mouvement des continents au fil du temps. Cette nouvelle compréhension de la tectonique des plaques a été étayée par un large éventail de preuves géologiques, y compris la distribution des tremblements de terre et des volcans, les propriétés magnétiques des roches et les formes des continents eux-mêmes.

Tous les êtres vivants subissent-ils les effets de la tectonique des plaques ?

Tous les êtres vivants sont indirectement affectés par la tectonique des plaques, mais tous ne subissent pas directement ses effets. La tectonique des plaques est la théorie scientifique qui décrit le mouvement de grandes sections de la couche la plus externe de la Terre, appelées plaques. Ces plaques se déplacent lentement au fil du temps, se heurtant, glissant les unes sur les autres ou s'écartant aux limites qui les séparent.

Les mouvements de ces plaques peuvent avoir un impact important sur l'environnement et les organismes vivants qui l'habitent. Par exemple, la collision de deux plaques tectoniques peut provoquer la formation de montagnes, tandis que le mouvement des plaques peut également créer des tranchées océaniques, des éruptions volcaniques, des tremblements de terre et des tsunamis.

Les effets directs de la tectonique des plaques peuvent être observés chez les organismes vivant dans des régions de forte activité géologique, telles que des volcans actifs proches, des zones sismiques et d'autres zones où les limites des plaques sont clairement définies. Certains organismes peuvent s'être adaptés pour survivre dans de tels environnements, tandis que d'autres peuvent ne pas être capables de survivre dans des conditions aussi extrêmes.

Indirectement, cependant, tous les êtres vivants sont affectés par la tectonique des plaques. Par exemple, la tectonique des plaques peut influencer les régimes climatiques, le niveau de la mer et la répartition des masses continentales. Les modifications de ces facteurs peuvent, à leur tour, affecter les habitats et les ressources disponibles pour les organismes vivants.

En conclusion, si tous les êtres vivants ne subissent pas les effets directs de la tectonique des plaques, ils sont tous indirectement impactés par le mouvement des plaques tectoniques de la Terre.

Chapitre 3 : Atmosphère

L'atmosphère est la couche de gaz qui entoure la Terre et est maintenue en place par la gravité. Il est composé d'azote (environ 78%), d'oxygène (environ 21%) et de traces d'autres gaz tels que l'argon, le dioxyde de carbone et le néon.

L'atmosphère est divisée en plusieurs couches, chacune avec ses propres caractéristiques. La couche la plus basse est la troposphère, où se produit la plupart des conditions météorologiques et où nous vivons et respirons. La stratosphère est la couche suivante, où se trouve la couche d'ozone, qui aide à protéger la vie sur Terre des rayons ultraviolets nocifs. Au-dessus de la stratosphère se trouvent la mésosphère et la thermosphère.

L'atmosphère joue plusieurs rôles importants dans le maintien de la vie sur Terre. Il aide à réguler la température de la Terre en piégeant la chaleur et en en renvoyant une partie dans l'espace. Il aide également à répartir la chaleur et l'humidité autour de la planète, ce qui est essentiel à la croissance des plantes et à la survie des animaux. L'atmosphère fournit également un bouclier protecteur contre les rayonnements nocifs du soleil et des débris spatiaux, qui pourraient autrement endommager ou détruire la vie sur Terre.

L'effet de serre est-il bénéfique ou nocif ?

L'effet de serre lui-même est un processus naturel et nécessaire qui maintient la surface de la Terre suffisamment chaude pour soutenir la vie. Sans elle, la planète serait trop froide pour que la plupart des organismes vivants survivent. Cependant, les activités humaines ont augmenté la concentration de gaz à effet de serre dans l'atmosphère, ce qui a rendu l'effet de serre plus fort et plus intense. Cet effet de serre accru est à l'origine du changement climatique, qui est nocif pour la planète et ses habitants à bien des égards.

Les principaux gaz à effet de serre responsables du changement climatique sont le dioxyde de carbone, le méthane et l'oxyde nitreux, qui sont rejetés dans l'atmosphère par la combustion de combustibles fossiles, la déforestation et les pratiques agricoles, entre autres sources. La concentration accrue de ces gaz emprisonne plus de chaleur dans l'atmosphère, entraînant une augmentation des températures mondiales, la fonte des glaciers et des calottes glaciaires, des phénomènes météorologiques plus fréquents et plus graves et l'acidification des océans, entre autres impacts.

Globalement, alors que l'effet de serre naturel est nécessaire à la vie sur Terre, l'effet de serre renforcé causé par les activités humaines est nocif et constitue une menace importante pour la planète et ses habitants. Il est essentiel que nous prenions des mesures pour réduire les émissions de gaz à effet de serre et atténuer les impacts du changement climatique.

En quoi la chaleur sur Terre ressemble-t-elle à un budget familial ?

La chaleur sur Terre peut être considérée comme un budget familial de plusieurs manières. Voici quelques analogies possibles :

Équilibre : Tout comme une famille doit équilibrer ses revenus et ses dépenses pour éviter de s'endetter, la Terre doit équilibrer la quantité d'énergie qu'elle reçoit du soleil avec la quantité d'énergie qu'elle renvoie dans l'espace. Lorsque la Terre absorbe plus d'énergie qu'elle n'en émet, elle subit un gain net de chaleur, ce qui entraîne un réchauffement climatique. D'autre part, si la Terre émet plus d'énergie qu'elle n'en absorbe, elle subit une perte nette de chaleur, entraînant un refroidissement.

Conservation : De même, tout comme une famille peut essayer de conserver ses ressources pour joindre les deux bouts, la Terre a des processus naturels qui l'aident à conserver la chaleur. Par exemple, l'atmosphère agit comme une couverture, emprisonnant une partie de la chaleur qui, autrement, rayonnerait dans l'espace. C'est ce qu'on appelle l'effet de serre. Cependant, tout comme une famille peut avoir des problèmes si elle réduit trop les produits essentiels comme la nourriture ou les soins de santé, la Terre peut subir des conséquences négatives si l'effet de serre devient trop fort.

Boucles de rétroaction : tant dans le budget familial que dans le bilan thermique de la Terre, de petits changements peuvent avoir de grands effets au fil du temps. Par exemple, si une famille commence à dépenser un peu plus qu'elle ne gagne, elle devra peut-être s'endetter pour combler la différence. Au fil du temps, cette dette peut s'accumuler et devenir plus difficile à gérer. De même, si la Terre absorbe un peu plus de chaleur qu'elle n'en émet, cela pourrait faire fondre la glace, ce qui réduit la réflectivité de la Terre (albédo). Ceci, à son tour, peut amener la Terre à absorber encore plus de chaleur, entraînant une boucle de rétroaction positive qui accélère le réchauffement.

Dans l'ensemble, bien que les spécificités d'un budget familial et de l'équilibre thermique de la Terre soient évidemment très différentes, il existe des similitudes utiles qui peuvent nous aider à comprendre les défis liés à la gestion des deux.

Alors que c'est l'été dans l'hémisphère Nord, pourquoi y est-ce l'hiver ?

La raison pour laquelle c'est l'été dans l'hémisphère nord alors que c'est l'hiver dans l'hémisphère sud est due à l'inclinaison axiale de la Terre et à son orbite autour du Soleil.

L'axe de la Terre est incliné d'environ 23,5 degrés par rapport à son orbite autour du Soleil. Cela signifie que lorsque la Terre se déplace autour du Soleil, différentes parties de la planète reçoivent différentes quantités de lumière solaire à différents moments de l'année.

Pendant les mois d'été dans l'hémisphère nord, le pôle nord est incliné vers le soleil, ce qui signifie que les rayons du soleil sont plus directs et plus concentrés dans l'hémisphère nord. Cela se traduit par des températures plus chaudes et des journées plus longues dans l'hémisphère nord, c'est pourquoi c'est l'été là-bas.

Dans le même temps, le pôle Sud est incliné par rapport au Soleil, ce qui signifie que les rayons du Soleil sont plus indirects et moins concentrés dans l'hémisphère sud. Cela se traduit par des températures plus fraîches et des journées plus courtes dans l'hémisphère sud, c'est pourquoi c'est l'hiver là-bas.

De même, pendant les mois d'hiver dans l'hémisphère nord, la situation est inversée et le pôle sud est incliné vers le soleil, tandis que le pôle nord est incliné à l'opposé du soleil. Cela se traduit par des températures plus chaudes et des journées plus longues dans l'hémisphère sud, tandis que l'hémisphère nord connaît des températures plus fraîches et des journées plus courtes, c'est pourquoi c'est l'hiver là-bas.

quel hémisphère est le nord?

L'hémisphère nord est situé au nord de l'équateur, tandis que l'hémisphère sud est situé au sud de l'équateur. Par conséquent, l' hémisphère nord est l'hémisphère nord.

Comment le vent démarre-t-il ?

Le vent est causé par des différences de pression atmosphérique, elles-mêmes créées par des différences de température et d'humidité. Lorsque l'air est chauffé, il devient moins dense et monte, créant une zone de basse pression. Au fur et à mesure que l'air chaud monte, de l'air plus frais se précipite pour remplir le vide, créant une zone de haute pression. Ce mouvement d'air de la haute pression à la basse pression est ce que nous ressentons comme du vent.

En plus des différences de température et d'humidité, le vent peut également être influencé par la rotation de la Terre, la topographie du terrain et la présence de grandes masses d'eau. Ces facteurs peuvent amener l'air à se déplacer selon des schémas spécifiques, tels que les vents dominants qui soufflent dans certaines directions dans différentes parties du monde.

Dans l'ensemble, le mouvement du vent est un processus complexe et dynamique qui est influencé par de nombreux facteurs différents.

Pourquoi les premiers explorateurs accordaient-ils tant d'importance aux vents ?

Les premiers explorateurs, en particulier ceux qui comptaient sur des voiliers, accordaient une grande valeur aux vents car ils étaient essentiels à leurs voyages. Ces vents permettaient aux marins de déplacer leurs navires à travers les océans, et sans eux, leurs voyages seraient lents et difficiles.

Avant l'avènement des moteurs et des navires motorisés, les marins dépendaient entièrement de la puissance du vent pour déplacer leurs navires. Ils ont appris à naviguer sur les océans du monde en étudiant les vents, les courants et les systèmes météorologiques. Ils savaient quels vents utiliser pour voyager dans certaines directions, et ils savaient aussi quand éviter certains vents qui pourraient être dangereux.

La configuration des vents était particulièrement importante pour les marins qui effectuaient de longs voyages, comme les célèbres explorateurs qui parcouraient le monde à l'ère de l'exploration. Ces marins devaient savoir naviguer à travers de vastes océans, et les modèles de vent étaient cruciaux pour leur succès. Ils attendaient souvent que certains vents soufflent dans une direction particulière avant de mettre les voiles, et ils ajustaient leurs voiles pour attraper le vent et faire avancer leurs navires.

En résumé, les vents étaient très appréciés des premiers explorateurs car ils étaient essentiels à leurs voyages, et sans eux, leurs expéditions auraient été lentes et difficiles. Leur connaissance des modèles de vent leur a permis de naviguer sur les océans du monde et de faire des découvertes importantes qui façonneront le cours de l'histoire humaine.

Qu'est-ce que l'ozone et pourquoi devrions-nous nous inquiéter d'un trou dans celui-ci ?

L'ozone (O3) est une molécule constituée de trois atomes d'oxygène. Il est présent dans l'atmosphère terrestre et joue un rôle vital dans la protection de la planète contre les rayons ultraviolets (UV) nocifs du soleil. L'ozone est concentré dans une couche de l'atmosphère appelée la couche d'ozone, qui est située entre environ 10 et 50 kilomètres (6 à 30 milles) au-dessus de la surface de la Terre.

La couche d'ozone absorbe la majeure partie du rayonnement UV, l'empêchant d'atteindre la surface de la Terre, où il peut provoquer des cancers de la peau, des cataractes et d'autres problèmes de santé. Le rayonnement UV peut également nuire à la vie végétale et animale, ainsi qu'affecter le climat de la Terre.

Dans les années 1980, les scientifiques ont découvert un amincissement de la couche d'ozone au-dessus de l'Antarctique, connu sous le nom de trou d'ozone. Le trou dans la couche d'ozone est causé par la libération dans l'atmosphère de produits chimiques artificiels appelés chlorofluorocarbures (CFC). Les CFC étaient largement utilisés dans les réfrigérants, les climatiseurs et les aérosols.

Une fois libérés dans l'atmosphère, les CFC dérivent vers le haut et finissent par atteindre la couche d'ozone, où ils réagissent avec le rayonnement UV et décomposent les molécules d'ozone. Ce processus provoque l'amincissement de la couche d'ozone, ce qui conduit à la formation du trou d'ozone.

L'amincissement de la couche d'ozone est une préoccupation importante car il augmente la quantité de rayonnement UV qui atteint la surface de la Terre, ce qui peut avoir des effets nocifs sur la santé humaine, les écosystèmes et l'agriculture. Pour régler le problème, les pays du monde entier ont accepté le Protocole de Montréal en 1987, qui a éliminé progressivement la production et l'utilisation des CFC et d'autres substances appauvrissant la couche d'ozone. Grâce à cet accord mondial, la couche d'ozone a commencé à se reconstituer, mais elle reste fragile et des efforts continus sont nécessaires pour la protéger.

Qu'est-ce qui cause le changement de temps?

Il existe une variété de facteurs qui peuvent provoquer des changements dans le temps, notamment :

1. Changements de pression atmosphérique : Les différences de pression atmosphérique peuvent faire souffler des vents, entraînant des changements de température et de précipitations.

2. Courants océaniques : Le mouvement des courants océaniques peut affecter la température et la teneur en humidité de l'air, ce qui peut ensuite avoir un impact sur les conditions météorologiques.

3. Latitude et altitude : Lorsque vous vous déplacez vers le nord ou le sud de l'équateur, ou lorsque vous montez à des altitudes plus élevées, la quantité d'ensoleillement et la température peuvent changer, affectant la météo.

4. Formes de relief : Les montagnes et autres formes de relief peuvent bloquer

ou rediriger le vent et affecter les régimes de précipitations.

5. Fronts : Lorsque deux masses d'air avec des températures et des niveaux d'humidité différents entrent en collision, elles peuvent créer des fronts, ce qui peut provoquer des tempêtes et d'autres conditions météorologiques.

6. Activité humaine : les activités humaines telles que la déforestation, l'urbanisation et les émissions de gaz à effet de serre peuvent affecter les conditions météorologiques en modifiant la composition de l'atmosphère et en modifiant le climat de la Terre.

Dans l'ensemble, le temps est un système complexe et dynamique, et les changements peuvent résulter d'une combinaison de ces facteurs et d'autres

Comment sont faites les prévisions météo ?

Les prévisions météorologiques sont faites à l'aide d'une combinaison d'observations des conditions météorologiques actuelles et de modèles informatiques qui simulent l'évolution future de l'atmosphère. Voici un aperçu général du processus :

1. Collecte de données : les observations des conditions météorologiques actuelles sont recueillies à partir de diverses sources telles que des stations météorologiques, des satellites, des radars et des ballons météorologiques.

2. Analyse des données : Les météorologues utilisent des modèles informatiques pour analyser les données et créer une image de l'état actuel de l'atmosphère. Ils recherchent des modèles et des tendances dans les données pour identifier les systèmes météorologiques et faire des prévisions.

3. Modélisation : Les modèles météorologiques utilisent des équations mathématiques complexes pour simuler le comportement de l'atmosphère dans le temps. Ces modèles prennent en compte des variables telles que la température, la pression, l'humidité, la vitesse et la direction du vent.

4. Prévision : Les météorologues utilisent les résultats des modèles, ainsi que leur propre expertise, pour faire des prédictions sur les conditions météorologiques futures. Ils créent des prévisions pour différentes régions et périodes de temps, allant d'heures à des jours ou même des semaines à venir.

5. Vérification : Une fois les prévisions faites, les météorologues continuent de surveiller les conditions météorologiques pour voir dans quelle mesure leurs prévisions correspondent à la réalité. Cela leur permet d'affiner leurs modèles et d'améliorer la précision des prévisions futures.

Dans l'ensemble, les prévisions météorologiques sont un processus complexe et continu qui combine la collecte de données, l'analyse, la modélisation et la prévision. En affinant constamment leurs méthodes et en améliorant leur compréhension de l'atmosphère, les météorologues sont en mesure de fournir des prévisions météorologiques de plus en plus précises.

Qu'est-ce qui provoque des conditions météorologiques dangereuses ?

Les conditions météorologiques dangereuses peuvent être provoquées par une variété de facteurs, y compris les modèles climatiques naturels, les changements climatiques induits par l'homme et les conditions environnementales locales. Certains des facteurs les plus courants qui contribuent aux conditions météorologiques dangereuses comprennent :

1. Instabilité atmosphérique : lorsqu'il existe une différence significative de température et d'humidité entre les différentes couches de l'atmosphère, cela peut créer une instabilité qui conduit à la formation d'orages, de tornades et d'autres phénomènes météorologiques violents.

2. Humidité atmosphérique : La quantité d'humidité dans l'atmosphère peut également jouer un rôle dans le développement de conditions météorologiques dangereuses, telles que les ouragans, les tempêtes tropicales et les inondations.

3. Vents violents : les vents forts peuvent causer des dommages et des destructions par eux-mêmes, mais ils peuvent également intensifier les effets d'autres types d'événements météorologiques, tels que les ouragans et les incendies de forêt.

4. Topographie : Les caractéristiques locales du terrain, telles que les montagnes et les vallées, peuvent entraîner le piégage et l'intensification des conditions météorologiques, entraînant la formation d'événements météorologiques dangereux.

5. Changement climatique : Le changement climatique induit par l'homme contribue à des phénomènes météorologiques plus fréquents et plus graves, tels que des vagues de chaleur , des sécheresses et des tempêtes intenses.

6. Modèles climatiques naturels : Les modèles climatiques naturels, tels qu'El Niño et La Niña, peuvent également affecter les conditions météorologiques et entraîner des phénomènes météorologiques dangereux.

Que sont exactement les changements climatiques temporaires ?

Les changements climatiques temporaires désignent les fluctuations à court terme des modèles climatiques qui se produisent sur une période de plusieurs années ou décennies. Ces fluctuations peuvent être causées par divers facteurs, tels que des changements dans les courants océaniques, des éruptions volcaniques ou des variations dans la puissance du soleil.

Un exemple de changement climatique temporaire est El Niño et La Niña, qui sont des modèles climatiques naturels qui se produisent dans l'océan Pacifique. Lors d'un événement El Niño, les eaux de surface de l'océan Pacifique oriental deviennent plus chaudes que d'habitude, ce qui peut provoquer des sécheresses dans certaines régions et des inondations dans d'autres. En revanche, lors d'un événement La Niña, les eaux de surface de l'océan Pacifique oriental deviennent plus froides que d'habitude, ce qui peut entraîner une augmentation des précipitations dans certaines régions et des sécheresses dans d'autres.

D'autres exemples de changements climatiques temporaires incluent les effets des éruptions volcaniques, qui peuvent libérer de grandes quantités de dioxyde de soufre et d'autres gaz dans l'atmosphère, provoquant un refroidissement à court terme de la planète. De même, les variations de la production solaire peuvent provoquer des fluctuations temporaires des températures mondiales.

Alors que les changements climatiques temporaires peuvent avoir des impacts significatifs sur les conditions météorologiques et les écosystèmes, ils sont distincts du changement climatique à long terme, qui fait référence au réchauffement progressif de la planète dû aux activités humaines telles que la combustion de combustibles fossiles et la déforestation .

Comment le climat sur Terre a-t-il changé ?

Le climat de la Terre a considérablement changé au fil du temps, avec des fluctuations se produisant à la fois sur des échelles de temps longues et courtes. Voici quelques-uns des changements les plus importants du climat de la Terre qui se sont produits au fil du temps :

1. Périodes glaciaires : La Terre a connu plusieurs périodes glaciaires dans le passé, au cours desquelles de grandes parties de la planète étaient recouvertes de glace. La dernière période glaciaire s'est produite il y a entre 110 000 et 12 000 ans et, à cette époque, les glaciers couvraient une grande partie de l'Amérique du Nord, de l'Europe et de l'Asie.

2. Effet de serre : Le climat de la Terre a été affecté par l'effet de serre, qui est causé par l'accumulation de gaz à effet de serre dans l'atmosphère. Cela a conduit à une augmentation des températures mondiales, connue sous le nom de réchauffement climatique. Le gaz à effet de serre le plus important est le dioxyde de carbone, qui est rejeté dans l'atmosphère par la combustion de combustibles fossiles.

3. Élévation du niveau de la mer : À mesure que les températures mondiales ont augmenté, les calottes glaciaires polaires ont commencé à fondre, entraînant une élévation du niveau de la mer. Cela a entraîné des inondations dans les zones basses et constitue une

menace importante pour les villes et les communautés côtières.

4. Conditions météorologiques extrêmes : le climat de la Terre est devenu plus imprévisible, avec des événements météorologiques plus fréquents et plus violents tels que les ouragans, les sécheresses, les inondations et les incendies de forêt. Ces événements peuvent causer des dommages importants aux biens, aux infrastructures et à la vie humaine.

5. Acidification des océans : à mesure que la concentration de dioxyde de carbone dans l'atmosphère augmente, les océans deviennent plus acides. Cela a un effet néfaste sur la vie marine, en particulier celles dont les coquilles ou les squelettes sont en carbonate de calcium.

Dans l'ensemble, le climat de la Terre change continuellement, et ces changements sont influencés par une série de facteurs, y compris l'activité humaine, les processus naturels et les forces externes telles que le rayonnement solaire. Il est essentiel de comprendre ces changements et de prendre des mesures pour atténuer leur impact sur la planète et ses habitants.

Qu'est-ce qui déclenche le réchauffement climatique ?

Le réchauffement climatique est principalement déclenché par une augmentation de la concentration des gaz à effet de serre (GES) dans l'atmosphère. Ces gaz, dont le dioxyde de carbone, le méthane et la vapeur d'eau, emprisonnent la chaleur dans l'atmosphère et l'empêchent de s'échapper dans l'espace, ce qui entraîne un réchauffement de la surface de la Terre.

Le principal moteur de l'augmentation des GES est les activités humaines, telles que la combustion de combustibles fossiles comme le charbon, le pétrole et le gaz, ainsi que la déforestation, l'agriculture et d'autres changements d'affectation des terres. Ces activités libèrent de grandes quantités de dioxyde de carbone et d'autres GES dans l'atmosphère, entraînant une augmentation de leurs concentrations.

D'autres facteurs qui peuvent contribuer au réchauffement climatique comprennent des facteurs naturels tels que les éruptions volcaniques, les changements du rayonnement solaire et les variations de l'orbite terrestre, mais ceux-ci sont considérés comme moins importants que les activités humaines dans la conduite de la tendance récente et actuelle au réchauffement climatique.

Chapitre 4 : Hydrosphère

L'hydrosphère fait référence à toute l'eau sur Terre, y compris les océans, les lacs, les rivières, les eaux souterraines et la vapeur d'eau atmosphérique. C'est l'une des quatre parties interconnectées du système terrestre, avec l'atmosphère, la biosphère et la géosphère.

L'hydrosphère joue un rôle crucial dans la régulation du climat de la Terre et le maintien de la vie sur notre planète. L'eau dans les océans et l'atmosphère aide à absorber et à distribuer le rayonnement solaire, et la vapeur d'eau dans l'atmosphère contribue à l'effet de serre qui maintient la Terre suffisamment chaude pour soutenir la vie.

L'hydrosphère joue également un rôle vital dans le cycle de l'eau, qui implique le mouvement de l'eau entre les océans, l'atmosphère et la terre. Ce cycle aide à distribuer l'eau sur la planète et à soutenir les écosystèmes, ainsi qu'à fournir de l'eau douce à l'usage humain.

Les activités humaines telles que la pollution, la surexploitation et le changement climatique affectent l'hydrosphère, avec des conséquences potentiellement importantes pour la planète et ses habitants. Par conséquent, il est essentiel de gérer l'hydrosphère de manière durable pour assurer sa santé et son fonctionnement continus.

Pourquoi la majorité de l'eau sur Terre n'est-elle pas potable ?

La majorité de l'eau sur Terre n'est pas potable car elle est salée ou contaminée par des polluants, ce qui la rend impropre à la consommation humaine. Environ 97% de l'eau de la Terre se trouve dans les océans et est trop salée pour que les humains puissent la boire sans la dessaler au préalable. Les 3 % d'eau restants sont de l'eau douce, mais les deux tiers sont gelés dans les glaciers et les calottes polaires, ne laissant qu'une petite fraction disponible pour l'utilisation humaine.

De plus, même l'eau douce disponible est souvent polluée par divers contaminants, notamment des produits chimiques, des micro-organismes et des déchets, ce qui la rend impropre à la consommation sans traitement. Cette contamination peut provenir de sources naturelles ou d'activités humaines telles que les pratiques industrielles et agricoles, l'élimination des déchets et le ruissellement urbain.

Par conséquent, l'accès à l'eau potable est un problème majeur dans de nombreuses régions du monde, et des efforts sont déployés pour améliorer les pratiques de traitement et de conservation de l'eau afin de garantir que les populations aient accès à une eau propre et salubre.

Comment l'eau est-elle utilisée ?

L'eau est utilisée de diverses manières, à la fois domestiques et industrielles. Voici quelques-unes des utilisations les plus courantes de l'eau :

1. Boire et cuisiner : L'eau est une ressource essentielle pour la survie humaine, et est utilisée pour boire et cuisiner.

2. Nettoyage : L'eau est utilisée pour nettoyer diverses surfaces telles que la vaisselle, les sols et les vêtements.

3. Bain et hygiène personnelle : L'eau est utilisée pour le bain, la douche et d'autres activités d'hygiène personnelle telles que se laver les mains et se brosser les dents.

4. Irrigation : L'eau est utilisée pour arroser les plantes et les cultures, en particulier dans l'agriculture.

5. Procédés industriels : L'eau est utilisée dans un large éventail de procédés industriels, y compris la fabrication, le refroidissement des machines et la production d'électricité.

6. Loisirs : L'eau est utilisée pour des activités récréatives telles que la natation, la navigation de plaisance et la pêche.

7. Transport : L'eau est utilisée comme moyen de transport, y compris le transport maritime et le convoyage.

8. Lutte contre les incendies : L'eau est utilisée par les pompiers pour éteindre les incendies.

Dans l'ensemble, l'eau est une ressource extrêmement importante qui est essentielle à notre vie quotidienne et à de nombreux processus industriels. Il est important d'utiliser l'eau de manière responsable et de la conserver autant que possible.

Comment les animaux et les humains polluent-ils l'eau ?

Les animaux et les humains peuvent tous deux contribuer à la pollution de l'eau de différentes manières :

1. Déchets animaux : Le bétail et la faune peuvent produire de grandes quantités de déchets qui peuvent être entraînés dans les plans d'eau par la pluie ou d'autres formes de précipitations.

2. Ruissellement agricole : Les engrais et les pesticides utilisés dans l'agriculture peuvent s'infiltrer dans les plans d'eau à proximité et causer de la pollution.

3. Déchets industriels : Les processus industriels peuvent générer des déchets qui sont rejetés dans les masses d'eau.

4. Eaux usées : Les eaux usées humaines peuvent contenir des bactéries nocives, des virus et d'autres polluants qui peuvent contaminer l'eau.

5. Déversements de pétrole : Les déversements accidentels de pétrole ou d'autres produits pétroliers peuvent

contaminer les plans d'eau et nuire à la vie aquatique.

6. Déchets : Les déchets et les déchets qui ne sont pas correctement éliminés peuvent se retrouver dans les plans d'eau et nuire à la vie aquatique.

7. Produits chimiques ménagers : Les produits chimiques ménagers tels que les produits de nettoyage, les peintures et les solvants peuvent être éliminés de manière inappropriée et se retrouver dans les plans d'eau.

Toutes ces sources de pollution peuvent nuire à la vie aquatique, avoir un impact sur la qualité de l'eau et créer des risques pour la santé des personnes qui utilisent l'eau pour boire, se divertir ou à d'autres fins.

Qu'est-ce qui distingue H2O ?

H2O est une plate-forme distribuée, en mémoire et open source pour l'apprentissage automatique et l'analyse prédictive. Voici quelques éléments qui distinguent H2O :

1. Vitesse : H2O est conçu pour être très rapide et efficace, avec la possibilité de

traiter de grands ensembles de données en mémoire et de paralléliser les calculs sur plusieurs cœurs.

2. Évolutivité : H2O est conçu pour être évolutif et peut fonctionner sur des grappes d'ordinateurs, ce qui lui permet de traiter facilement de grands ensembles de données.

3. Flexibilité : H2O prend en charge une grande variété d'algorithmes d'apprentissage automatique, y compris l'apprentissage en profondeur, l'amplification de gradient et les modèles linéaires généralisés. Il prend également en charge diverses sources de données, notamment les bases de données HDFS, S3 et SQL.

4. Facilité d'utilisation : H2O est conçu pour être convivial, avec une interface Web et des API faciles à utiliser pour plusieurs langages de programmation, notamment R, Python et Java.

5. Open-source : H2O est un logiciel open-source, ce qui signifie que n'importe qui peut l'utiliser et contribuer à son développement.

Dans l'ensemble, H2O est une plate-forme puissante et flexible pour l'apprentissage automatique et l'analyse prédictive qui offre une vitesse élevée, une évolutivité et une facilité d'utilisation.

Un écosystème d'eau douce : qu'est-ce que c'est ?

Un écosystème d'eau douce est un type d'écosystème qui comprend tous les composants vivants et non vivants d'un plan d'eau contenant de l'eau douce, comme un lac, un étang, une rivière, un ruisseau ou une zone humide. Ces écosystèmes se caractérisent par leur teneur relativement faible en sel et abritent une gamme variée d'organismes qui se sont adaptés à la vie dans des habitats d'eau douce.

Les écosystèmes d'eau douce sont essentiels à la survie de nombreuses espèces de plantes et d'animaux, notamment les poissons, les amphibiens, les reptiles, les oiseaux et les mammifères. Ces écosystèmes fournissent également des services importants aux humains, tels que l'eau potable, l'irrigation et les possibilités de loisirs.

Certains des composants clés des écosystèmes d'eau douce comprennent:

- Facteurs abiotiques : Ceux-ci comprennent la température de l'eau, le pH, les niveaux d'oxygène dissous, la disponibilité des nutriments et le débit d'eau, qui ont tous un impact sur les organismes vivant dans l'écosystème.

- Facteurs biotiques : Ceux-ci incluent les plantes et les animaux qui habitent l'écosystème, du plancton microscopique aux plus gros poissons et mammifères.

- Caractéristiques de l'habitat : Celles-ci comprennent les caractéristiques physiques du plan d'eau, telles que sa profondeur, la structure du rivage et la composition du substrat, ainsi que la présence de végétation et d'autres caractéristiques naturelles.

Dans l'ensemble, les écosystèmes d'eau douce sont des systèmes complexes et dynamiques qui jouent un rôle essentiel dans le maintien de la santé des écosystèmes de notre planète et le soutien de la diversité de la vie sur Terre.

Y avait-il de l'eau sur Terre avant ?

Oui, on pense que l'eau est présente sur Terre depuis le tout début de sa formation. La théorie dominante est que l'eau a été apportée à la Terre par des comètes et des astéroïdes pendant la période de formation de la planète, il y a environ 4,6 milliards d'années. Au fur et à mesure que la planète se refroidissait et que son atmosphère se développait, la vapeur d'eau se condensait et formait des océans à la surface. Au fil du temps, ces océans sont devenus la source de la vie sur Terre et le cycle de l'eau a contribué à façonner la géologie et le climat de la planète. Aujourd'hui, la Terre est souvent appelée la "planète bleue" en raison de l'abondance d'eau à sa surface.

Qu'est-ce qui fait baratter l'eau de l'océan ?

L'eau de l'océan est brassée et déplacée par divers facteurs, notamment :

1. Vent : Le vent est le facteur le plus important qui provoque le brassage de l'eau de l'océan. Lorsque des vents forts soufflent à la surface de l'océan, ils créent des vagues et des courants qui

peuvent déplacer l'eau sur des milliers de kilomètres.

2. Marées : Les marées sont un autre facteur important qui provoque le brassage de l'eau de l'océan. Les marées sont causées par l'attraction gravitationnelle de la lune et du soleil sur les océans de la Terre. Cette force gravitationnelle crée un mouvement rythmique de l'eau, qui peut provoquer des courants et des vagues.

3. Température et salinité : La température et la salinité de l'eau de l'océan peuvent également provoquer son agitation. Les différences de température et de salinité peuvent créer des différences de densité dans l'eau, ce qui peut entraîner la formation de courants et de tourbillons.

4. Courants sous-marins : Les courants sous-marins, tels que le Gulf Stream, peuvent également provoquer le brassage de l'eau de l'océan. Ces courants peuvent déplacer l'eau dans le monde entier et avoir un impact significatif sur le climat de la Terre.

5. Topographie du fond marin : La forme et les contours du fond marin peuvent également provoquer le brassage de l'eau de l'océan. Ces caractéristiques peuvent créer des zones d'upwelling ou de downwelling , qui peuvent conduire à la formation de courants et de tourbillons.

Dans l'ensemble, une combinaison de ces facteurs et d'autres travaillent ensemble pour brasser l'eau de l'océan, créant le système complexe et dynamique que nous observons aujourd'hui.

Chapitre 5 : Les gens et la planète

"People and Planet" est une expression qui met en évidence la relation d'interdépendance entre les êtres humains et le monde naturel. Il souligne l'importance de protéger l'environnement et de préserver ses ressources pour le bénéfice des générations présentes et futures.

Le concept de "People and Planet" reconnaît que les activités humaines ont un impact significatif sur le monde naturel et que le développement durable nécessite un équilibre entre les considérations économiques, sociales et environnementales. Il reconnaît également que la dégradation de l'environnement et le changement climatique affectent de manière disproportionnée les populations vulnérables et peuvent exacerber les inégalités existantes.

Les efforts pour promouvoir « les peuples et la planète » comprennent la conservation et la restauration des écosystèmes, la réduction des émissions de gaz à effet de serre, la promotion de l'utilisation durable des ressources et de la gestion des déchets, et le soutien de politiques et de pratiques qui favorisent l'équité sociale et économique.

De quelles nouvelles manières les développements techniques promeuvent-ils la connaissance humaine ?

Les développements techniques promeuvent les connaissances humaines de plusieurs manières :

1. Accès à l'information : Les développements techniques tels qu'Internet, les moteurs de recherche et les plateformes de médias sociaux ont rendu plus facile que jamais l'accès à l'information de n'importe où dans le monde. Cela permet aux gens de découvrir différentes cultures, idées et perspectives, ce qui peut élargir leur connaissance et leur compréhension du monde.

2. Analyse des données : avec les progrès de l'analyse des mégadonnées, les chercheurs peuvent désormais analyser de grandes quantités de données pour identifier des modèles et des tendances

qui étaient auparavant impossibles à détecter. Cela a conduit à de nouvelles idées et découvertes dans des domaines tels que la médecine, les sciences sociales et les sciences de l'environnement.

3. Collaboration : Avec l'aide de la technologie, des personnes de différentes parties du monde peuvent collaborer sur des projets de recherche, partager des idées et travailler ensemble pour résoudre des problèmes complexes. Cela a conduit au développement de nouvelles technologies, telles que l'intelligence artificielle et la blockchain , qui peuvent avoir des impacts significatifs sur diverses industries.

4. Éducation : La technologie a révolutionné l'éducation, la rendant plus accessible et personnalisée. Avec l'essor des plateformes d'apprentissage en ligne et des applications éducatives, les gens peuvent désormais apprendre à leur propre rythme et de n'importe où dans le monde. Cela a démocratisé l'éducation, permettant à chacun d'acquérir des connaissances et des

compétences, quel que soit son emplacement ou son statut socio-économique.

5. Communication : les progrès des technologies de communication, telles que les applications de vidéoconférence et de messagerie, ont permis aux gens de communiquer plus facilement entre eux dans différentes langues et cultures. Cela a facilité le partage d'idées et de connaissances, ce qui peut conduire à de nouvelles découvertes et innovations.

Comment les sismologues et les médecins se comparent-ils ?

Les sismologues et les médecins sont deux professions assez différentes dans leur objectif et leur champ de travail, mais ils partagent certaines similitudes dans leur approche de leurs domaines respectifs.

Les sismologues sont des scientifiques qui étudient les tremblements de terre et les ondes sismiques pour mieux comprendre la structure, la composition et la dynamique de la Terre. Ils utilisent une gamme d'outils et de techniques, y compris des sismomètres, des simulations informatiques et des observations sur le terrain, pour analyser les données sismiques et développer des modèles d'activité sismique. Les médecins, quant à eux, sont des professionnels de la santé qui diagnostiquent et traitent les maladies et les blessures chez les personnes. Ils utilisent une gamme d'outils et de techniques, y compris l'imagerie médicale, les tests de laboratoire et les examens physiques, pour évaluer la santé d'un patient et élaborer un plan de traitement.

Malgré ces différences, les sismologues et les médecins s'appuient sur des méthodes scientifiques pour faire des observations, collecter des données et analyser des informations. Les deux professions exigent également une solide compréhension des mathématiques, de la physique et d'autres sciences, ainsi que la capacité de communiquer des idées complexes à un large éventail de publics.

Une autre similitude entre les sismologues et les médecins est l'importance de la collaboration et des approches interdisciplinaires. Les sismologues travaillent souvent avec d'autres scientifiques, tels que des géophysiciens, des géologues et des spécialistes de l'atmosphère, pour mieux comprendre les systèmes terrestres. De même, les médecins travaillent souvent en équipe avec d'autres professionnels de la santé, tels que des infirmières, des pharmaciens et des physiothérapeutes, pour fournir des soins complets aux patients.

En résumé, bien qu'il existe des différences significatives entre les sismologues et les médecins en termes de domaines d'expertise et de travail quotidien, les deux professions partagent un engagement à utiliser des méthodes scientifiques pour comprendre des systèmes complexes et une volonté de collaborer avec d'autres pour atteindre leur objectif.

La prochaine bataille sera-t-elle alimentée par l'eau ?

En tant que modèle de langage IA, je n'ai pas la capacité de prédire l'avenir avec certitude. Cependant, il est possible que l'eau puisse jouer un rôle dans les conflits futurs, d'autant plus que la pénurie d'eau devient un problème plus urgent dans de nombreuses régions du monde. La concurrence pour l'accès aux ressources en eau potable pourrait potentiellement conduire à des conflits entre les pays ou même au sein des pays. Il est important que les gouvernements et les individus travaillent à des pratiques de gestion durable de l'eau et à des solutions coopératives pour empêcher que de tels conflits ne surviennent.

L'eau et le sol sont des ressources renouvelables.

L'eau et le sol sont des ressources naturelles, mais ils ont des niveaux de renouvellement différents.

L'eau est une ressource renouvelable car elle est continuellement reconstituée tout au long du cycle de l'eau, qui implique l'évaporation de l'eau des masses d'eau, la condensation de la vapeur d'eau dans les nuages et la précipitation de l'eau sous forme de pluie, de neige ou de grésil. Cependant, la disponibilité de l'eau douce est limitée et elle peut être polluée ou contaminée, la rendant inutilisable.

Le sol, en revanche, n'est pas entièrement renouvelable. Alors que la formation du sol est un processus naturel qui se produit au fil des siècles, il peut être érodé ou épuisé beaucoup plus rapidement qu'il n'est créé. Les activités humaines telles que la déforestation, l'agriculture intensive et l'urbanisation peuvent contribuer à l'érosion, à la dégradation et à la perte des sols, réduisant ainsi la quantité de sols fertiles disponibles pour l'agriculture et d'autres utilisations. La restauration des sols est possible, mais cela peut prendre du temps et des efforts.

Par conséquent, si l'eau est une ressource renouvelable, sa disponibilité et sa qualité peuvent encore être affectées par les activités humaines, tandis que le sol, bien que renouvelable, peut être endommagé ou épuisé plus rapidement qu'il ne se reconstitue.

Quel sera l'impact de la suppression du barrage d'Elwha sur l'écosystème d'eau douce en amont ?

L'enlèvement du barrage d'Elwha, qui a été achevé en 2014, devrait avoir des impacts positifs importants sur l'écosystème d'eau douce en amont de la rivière Elwha dans l'État de Washington , aux États-Unis.

Avant le retrait du barrage, la rivière Elwha avait été barrée pendant plus de 100 ans, ce qui a gravement affecté l'écosystème de la rivière. Le barrage a bloqué la migration des poissons et empêché le transport naturel des sédiments en aval, ce qui a modifié l'hydrologie de la rivière et dégradé l'habitat des poissons et d'autres espèces aquatiques.

L'enlèvement du barrage a permis à des espèces de poissons comme le saumon et la truite arc-en-ciel d'accéder à des habitats de frai en amont qui étaient auparavant inaccessibles. Cela a entraîné une augmentation des populations de poissons, ce qui fournit de la nourriture aux prédateurs et aide à maintenir un écosystème sain. De plus, le transport naturel des sédiments en aval a aidé à restaurer l'habitat des poissons et d'autres espèces aquatiques, ce qui a amélioré la qualité de l'eau et augmenté la disponibilité de nourriture et d'abris.

En plus de ces avantages écologiques, l'enlèvement du barrage d'Elwha a également eu une importance culturelle pour la tribu Lower Elwha Klallam , qui vit le long de la rivière Elwha depuis des milliers d'années. La suppression du barrage a permis à la tribu de récupérer des zones de la rivière qui étaient historiquement importantes pour les pratiques culturelles et spirituelles.

Dans l'ensemble, la suppression du barrage d'Elwha a eu des impacts positifs importants sur l'écosystème d'eau douce en amont, notamment des améliorations de la qualité de l'eau, une augmentation des populations de poissons et la restauration de l'habitat des espèces aquatiques.

Quelles preuves la science offre-t-elle pour étayer le sujet de l'utilisation des ressources de la Terre ?

La science offre une grande quantité de preuves pour soutenir le sujet de la façon dont les ressources de la Terre sont utilisées. Certains des principaux éléments de preuve comprennent:

1. Épuisement des ressources naturelles : la science a montré que de nombreuses ressources naturelles, telles que le pétrole, le gaz et le charbon, sont limitées et s'épuisent à un rythme rapide. Cela est dû à la demande croissante de ces ressources alors que la population mondiale continue de croître et de s'industrialiser.

2. Changement climatique : La science a démontré que l'activité humaine, telle que la combustion de combustibles fossiles, est un contributeur majeur au changement climatique. L'utilisation de ressources naturelles, telles que le

charbon et le pétrole, libère de grandes quantités de gaz à effet de serre dans l'atmosphère, qui retiennent la chaleur et contribuent au réchauffement climatique.

3. Pollution et dégradation de l'environnement : La science a également montré que la façon dont nous utilisons les ressources peut avoir un impact significatif sur l'environnement, entraînant la pollution et la dégradation des habitats naturels. Par exemple, l'utilisation de pesticides dans l'agriculture peut entraîner la contamination des sols et de l'eau, tandis que la déforestation peut entraîner la perte de biodiversité et l'érosion des sols.

4. Gestion durable des ressources : La science a développé de nombreuses techniques et stratégies pour gérer les ressources de manière durable, telles que le recyclage, l'utilisation de sources d'énergie renouvelables et la réduction des déchets. Ces approches peuvent aider à réduire l'impact négatif de l'utilisation des ressources sur l'environnement et garantir que les

ressources sont disponibles pour les générations futures.

Dans l'ensemble, la science fournit une mine de preuves à l'appui de l'importance de gérer les ressources de la Terre de manière durable et responsable, à la fois pour la santé de la planète et pour le bien-être des sociétés humaines.

Peut-on anticiper les catastrophes naturelles ?

Bien qu'il soit impossible de prédire les catastrophes naturelles avec une précision totale, nous pouvons les anticiper dans une certaine mesure en utilisant diverses méthodes. Voici quelques exemples:

1. Surveillance : les scientifiques surveillent les phénomènes naturels, tels que l'activité sismique, les changements de pression atmosphérique et les modèles de température. Ces données peuvent être utilisées pour prévoir les catastrophes naturelles telles que les tremblements de terre, les tsunamis, les ouragans et les tornades.

2. Données historiques : En analysant les données historiques, nous pouvons identifier les modèles et les tendances des catastrophes naturelles. Par exemple, nous savons que les ouragans ont tendance à se produire à certaines périodes de l'année, nous pouvons donc les anticiper et nous y préparer en conséquence.

3. Systèmes d'alerte précoce : De nombreux pays ont mis en place des systèmes d'alerte précoce qui utilisent les données des stations de surveillance pour alerter les populations d'une catastrophe imminente. Par exemple, un système d'alerte aux tsunamis peut détecter les tremblements de terre sous-marins et envoyer une alerte aux personnes vivant dans la zone potentiellement touchée.

4. Évaluations des risques : les gouvernements et les organisations peuvent effectuer des évaluations des risques pour déterminer la probabilité qu'une catastrophe naturelle se produise dans une zone donnée. Ces informations peuvent être utilisées pour

élaborer des plans d'urgence et des
stratégies d'évacuation.

Bien que nous ne soyons pas en mesure de
prévenir les catastrophes naturelles, les
anticiper peut nous donner le temps de nous
préparer et potentiellement de sauver des vies.

Une vague de chaleur a quelles origines ?

Une vague de chaleur est une période prolongée
de temps excessivement chaud, qui peut
s'accompagner d'un taux d'humidité élevé. Les
vagues de chaleur sont généralement causées
par une combinaison de conditions
atmosphériques, notamment des systèmes à
haute pression, un ciel clair et des vents faibles,
qui permettent l'accumulation de chaleur et
d'humidité dans une région.

Les vagues de chaleur peuvent également être
exacerbées par les activités humaines, comme
l'effet d'îlot de chaleur urbain, qui est causé par
l'absorption de chaleur par les bâtiments et les
chaussées dans les villes. Le changement
climatique devrait également contribuer à des
vagues de chaleur plus fréquentes et plus
intenses dans de nombreuses régions du monde,
car la hausse des températures mondiales crée

des conditions plus favorables à la survenue de vagues de chaleur.

Décrivez un tsunami.

Un tsunami est une série de vagues océaniques causées par des perturbations à grande échelle de l'océan, telles que des tremblements de terre, des éruptions volcaniques, des glissements de terrain ou des impacts de météorites. Ces vagues peuvent se déplacer à des vitesses extrêmement élevées sur de vastes distances océaniques, atteignant parfois des hauteurs de 100 pieds ou plus à l'approche du rivage.

Les tsunamis sont différents des vagues océaniques régulières parce qu'ils ne sont pas causés par le vent ou les marées, mais plutôt par le déplacement de l'eau causé par une perturbation à grande échelle. Ils peuvent voyager à des vitesses allant jusqu'à 600 miles par heure dans les eaux profondes de l'océan, et leurs longueurs d'onde peuvent atteindre des centaines de miles. À mesure qu'ils s'approchent du rivage, les eaux peu profondes ralentissent les vagues et augmentent leur hauteur, ce qui peut entraîner des inondations et des destructions catastrophiques.

Les tsunamis peuvent être dévastateurs pour les communautés côtières, causant des pertes de vie et des dommages importants aux infrastructures et aux biens. Des systèmes d'alerte ont été développés pour aider les communautés côtières à se préparer à l'éventualité d'un tsunami, y compris des systèmes d'alerte précoce et des plans d'évacuation.

Quelles activités humaines influencent la fréquence et la gravité des dangers naturels ?

Les activités humaines peuvent avoir un impact significatif sur la fréquence et la gravité des risques naturels. Certaines des principales activités humaines qui peuvent influer sur les risques naturels comprennent :

1. Changements d'utilisation des terres : Lorsque les humains modifient les modèles d'utilisation des terres, tels que la déforestation ou l'urbanisation, cela peut modifier le paysage naturel et augmenter le risque de catastrophes naturelles telles que les glissements de

terrain, les inondations et les incendies de forêt.

2. Changement climatique : les activités humaines telles que la combustion de combustibles fossiles peuvent entraîner une augmentation des gaz à effet de serre et des changements climatiques, ce qui peut provoquer des phénomènes météorologiques extrêmes tels que des ouragans, des vagues de chaleur et des sécheresses.

3. Gestion de l'eau : La façon dont les humains gèrent les ressources en eau, comme la construction de barrages et de digues ou la modification des canaux des rivières, peut affecter la fréquence et la gravité des inondations et des sécheresses.

4. Exploitation minière et extraction des ressources : L'extraction minière et l'extraction des ressources peuvent provoquer un affaissement du sol, des tremblements de terre et l'érosion des sols, ce qui augmente la probabilité de catastrophes naturelles.

5. Développement des infrastructures : La construction d'infrastructures telles que

des bâtiments, des routes et des ponts peut modifier l'écoulement naturel de l'eau et entraîner un risque accru d'inondations et de glissements de terrain.

6. Élimination des déchets : Une élimination inappropriée des déchets peut entraîner une dégradation de l'environnement, une contamination des sols et un risque accru de glissements de terrain.

Dans l'ensemble, les activités humaines peuvent avoir des impacts importants sur la fréquence et la gravité des risques naturels. Il est essentiel de prendre des mesures pour atténuer ces impacts afin de réduire les risques pour les vies humaines et les biens.

Quel effet les gens ont-ils sur le cycle du carbone ?

Les humains ont un impact significatif sur le cycle du carbone, principalement par la combustion de combustibles fossiles et les changements d'utilisation des terres. Le cycle du carbone est un processus naturel dans lequel le dioxyde de carbone (CO_2) est échangé entre l'atmosphère, les océans et les organismes vivants.

La combustion de combustibles fossiles tels que le charbon, le pétrole et le gaz naturel libère de grandes quantités de dioxyde de carbone dans l'atmosphère. Cet excès de CO2 contribue à l'effet de serre, emprisonnant la chaleur dans l'atmosphère et conduisant au changement climatique mondial. Les activités humaines contribuent également à d'autres gaz à effet de serre, tels que le méthane et l'oxyde nitreux, qui aggravent encore le changement climatique.

Les changements dans l'utilisation des terres, tels que la déforestation et l'urbanisation, affectent également le cycle du carbone. Les arbres et les plantes absorbent le CO2 de l'atmosphère par photosynthèse et le stockent dans leur biomasse. La déforestation réduit la quantité de carbone qui peut être séquestrée dans les plantes et le sol, entraînant une augmentation des niveaux de CO2 dans l'atmosphère.

En plus de ces effets directs sur le cycle du carbone, les activités humaines peuvent également avoir un impact indirect sur d'autres parties du cycle du carbone. Par exemple, les changements de température et de précipitations peuvent modifier le taux de décomposition de la matière organique, affectant la libération de carbone du sol et d'autres sources. Dans l'ensemble, les activités humaines ont eu un impact significatif sur le cycle du carbone et le climat de la Terre, et il sera essentiel de remédier à ces impacts pour atténuer les effets du changement climatique.

Comment les scientifiques améliorent-ils constamment les prévisions de l'occurrence des catastrophes naturelles en utilisant la technologie ?

Les scientifiques utilisent une variété de technologies et de méthodes pour améliorer leurs prédictions de catastrophes naturelles. Voici quelques exemples:

1. Surveillance et modélisation : les scientifiques utilisent des technologies de surveillance telles que les sismomètres, l'imagerie par satellite et les stations météorologiques pour collecter des données sur les catastrophes naturelles. Ils utilisent ensuite ces données pour créer des modèles qui simulent la façon dont les calamités naturelles se produisent et développent des algorithmes de

prédiction basés sur les modèles. Ces modèles sont constamment mis à jour et améliorés à mesure que davantage de données deviennent disponibles.

2. Apprentissage automatique : les scientifiques utilisent des techniques d'apprentissage automatique pour analyser de grands ensembles de données et identifier des modèles pouvant être associés à la survenue de catastrophes naturelles. Cela peut les aider à développer des modèles prédictifs plus précis.

3. Télédétection : les technologies de télédétection, telles que les drones et l'imagerie par satellite, peuvent être utilisées pour recueillir des données sur des zones difficiles d'accès ou d'observation. Ces données peuvent être utilisées pour prévoir les catastrophes naturelles avec plus de précision.

4. Systèmes d'alerte précoce : Les scientifiques utilisent des systèmes d'alerte précoce pour alerter les personnes dans les zones à risque de catastrophe naturelle. Ces systèmes peuvent utiliser une variété de

technologies, y compris les téléphones portables, les sirènes et les émissions de radio, pour fournir des avertissements et des instructions en temps opportun.

5. Science citoyenne : les scientifiques impliquent souvent des scientifiques citoyens dans leurs efforts pour prévoir les catastrophes naturelles. Il peut s'agir de demander aux gens de signaler des conditions météorologiques inhabituelles ou une activité sismique dans leur région, ou d'utiliser des données participatives pour améliorer les modèles prédictifs.

Dans l'ensemble, l'amélioration constante des prévisions de catastrophes naturelles repose sur une combinaison de collecte de données, de modélisation, d'apprentissage automatique et de l'implication d'un large éventail de parties prenantes. Au fur et à mesure que la technologie progresse, les scientifiques sont susceptibles de développer de nouvelles méthodes plus efficaces pour prévoir les catastrophes naturelles.

Quelle est l'une des carrières scientifiques les plus dangereuses ?

L'une des carrières scientifiques les plus dangereuses est probablement le travail de terrain en écologie ou en biologie de la faune, en particulier pour ceux qui travaillent avec des animaux de grande taille et potentiellement agressifs. Cela peut inclure des chercheurs qui étudient les prédateurs comme les lions, les tigres et les ours, ainsi que ceux qui étudient les animaux venimeux comme les serpents, les araignées et les scorpions.

Ces chercheurs travaillent souvent dans des zones reculées ou sauvages, avec un accès limité aux installations médicales ou aux services d'urgence. Ils peuvent être exposés à des conditions météorologiques extrêmes, à des terrains dangereux et à d'autres dangers. De plus, ils peuvent être à risque de contracter des maladies des animaux qu'ils étudient ou d'autres facteurs environnementaux.

D'autres carrières scientifiques dangereuses incluent celles qui impliquent de travailler avec des matières radioactives ou dangereuses, ainsi que celles qui impliquent la manipulation d'explosifs ou le travail dans des environnements à haut risque comme les plates-formes pétrolières ou la plongée sous-marine.

Pleut-il pendant un pique-nique ?

S'il va pleuvoir pendant un pique-nique dépend des conditions météorologiques à l'endroit où le pique-nique a lieu. Il est possible qu'il pleuve pendant un pique-nique, surtout si le pique-nique a lieu pendant une saison ou dans une région où la pluie est courante. Cependant, il est également possible que le temps soit clair et ensoleillé lors d'un pique-nique. C'est toujours une bonne idée de vérifier les prévisions météorologiques avant de planifier un pique-nique et d'avoir un plan de secours en cas de pluie inattendue ou de mauvais temps.